听专家田间讲课

防控韭蛆

于 毅 周仙红 庄乾营 陈 浩 编著

U0256325

中国农业出版社

图书在版编目(CIP)数据

防控韭蛆/于毅等编著. —北京:中国农业出版
社,2017.1
(听专家田间讲课)
ISBN 978-7-109-22415-5

Ⅰ.①防… Ⅱ.①于… Ⅲ.①韭菜—病虫害防治
Ⅳ.①S436.32

中国版本图书馆 CIP 数据核字(2016)第283591号

中国农业出版社出版
(北京市朝阳区麦子店街 18 号楼)
(邮政编码 100125)
责任编辑 郭晨茜 阎莎莎

中国农业出版社印刷厂印刷 新华书店北京发行所发行
2017 年 1 月第 1 版 2017 年 1 月北京第 1 次印刷

开本:787mm×1092mm 1/32 印张:2.875 插页:2
字数:80 千字 印数:1~3 000 册
定价:12.00 元

出版说明

CHUBANSHUOMING

　　保障国家粮食安全和实现农业现代化，最终还是要靠农民掌握科学技术的能力和水平。为了提高我国农民的科技水平和生产技能，向农民讲解最基本、最实用、最可操作、最适合农民文化程度、最易于农民掌握的种植业科学知识和技术方法，解决农民在生产中遇到的技术难题，中国农业出版社编辑出版了这套"听专家田间讲课"丛书。

　　把课堂从教室搬到田间，不是我们的最终目的，我们只是想架起专家与农民之间知识和技术传播的桥梁；也许明天会有越来越多的我们的读者走进校园，在教室里聆听教授讲课，接受更系统、更专业的农业生产知识与技术，但是"田间课堂"所讲授的内容，可能会给读者留下些许有用的启示。因为，她更像是一张张贴在村口和地头的明白纸，让你一看就懂，一学就会。

本套丛书选取粮食作物、经济作物、蔬菜和果树等作物种类，一本书讲解一种作物或一种技能。作者站在生产者的角度，结合自己教学、培训和技术推广的实践经验，一方面针对农业生产的现实意义介绍高产栽培方法和标准化生产技术，另一方面考虑到农民种田收入不高的实际问题，提出提高生产效益的有效方法。同时，为了便于读者阅读和掌握书中讲解的内容，我们采取了两种出版形式，一种是图文对照的彩图版图书，另一种是以文字为主、插图为辅的袖珍版口袋书，力求满足从事农业生产和一线技术推广的广大从业者多方面的需求。

期待更多的农民朋友走进我们的田间课堂。

2016 年 6 月

前言

韭蛆（又叫韭菜蛆）学名韭菜迟眼蕈蚊（*Bradysia odoriphaga* Yang et Zhang），属双翅目眼蕈蚊科迟眼蕈蚊属，是我国特有的一种蔬菜害虫，在我国分布广泛，是韭菜、葱、蒜等蔬菜生产中的首要害虫，严重影响蔬菜的品质和产量。近年来随着韭菜经济价值的提高，为满足市场周年供应需求，其种植面积不断扩大，随着设施蔬菜栽培的集约化发展，大面积韭菜的种植和良好的水肥管理，为韭蛆的种群繁殖及为害提供了良好的环境条件，韭蛆危害逐步加重，可造成韭菜产量损失达 30%～80%，蒜田产量损失超过 30%，已成为我国葱蒜类蔬菜安全生产的主要限制因子，是韭菜等蔬菜露地和保护地生产上的大敌。

目前，生产上防治韭蛆以化学药剂灌根为

主，因盲目滥用农药导致农药残留超标和食物中毒事件频发。因此，通过采用安全的化学防治技术、高效的物理诱杀技术、持续控害的生物防治技术等，来达到有效控制韭蛆的目的，对韭菜等葱蒜类蔬菜安全生产具有重要意义。为了满足农民对科学技术的迫切需求，我们编写了这本《防控韭蛆》。本书在介绍了韭蛆的生活习性、为害特点、发生规律、种群动态、抗性情况的基础上，系统全面地介绍了韭蛆的物理防治、农业防治、化学防治等综合防治技术，包括了其杀虫原理、使用方法及使用注意事项等，可为今后韭蛆的防治提供技术指导。希望通过本书的出版，能够为我国韭菜等葱蒜类蔬菜安全生产贡献一份力量。

此外，本书得到了公益性行业（农业）科研专项"作物根蛆类害虫综合防治技术研究示范"（201303027）的资助，在此表示特别感谢。

编　者

2016 年 11 月

目录
MU LU

第二讲│预防韭蛆 / 20

第一讲
什么是韭蛆

1. 韭蛆长什么样?

卵:长椭圆形,长约 0.24 毫米,初产时白色透明,后逐渐变为米黄色,后期头部出现小黑点(图 1)。

幼虫:头部黑色,全头式,细长,圆筒形,身体呈半透明状,乳白色,无足,分为一龄、二龄、三龄、四龄和老熟幼虫,幼虫共蜕皮 3 次,预蛹变成蛹时会蜕皮,老熟幼虫逐渐由半透明变成通体白色,最长可到 8 毫米左右(图 2 和图 3)。

蛹:裸蛹,长椭圆形,初为黄白色,逐渐变成红褐色,羽化前为暗褐色,在土中化蛹,蛹外层有丝网状保护物。蛹长 3 毫米,直径 0.5~0.7 毫米,雌蛹比雄蛹略大、略粗(图 4)。

成虫：头小，复眼相连，有雌雄两性，体长2～5毫米，雌虫较大，雄成虫体长约4.3毫米，雌成虫体长约4.6毫米。触角丝状、短而细，腹部末有1对分节的尾须。雄虫稍瘦小，腹部较细长，腹面呈灰黄色，腹末有1对抱握器（图5和图6）。

2. 韭蛆的生存场所在哪里？

卵：多产于韭菜根茎周围的土壤缝隙中，一般堆产，少数单产。

幼虫：卵孵化成幼虫后开始取食为害，具有钻蛀性和腐食性，可营腐生生活，常集中于韭菜"葫芦"（根状茎）里为害，甚至钻蛀到白色嫩茎中为害。韭蛆在韭菜根系周围土壤中的横向分布特征表现为：根株区发生率为96.7%～99%，外围区发生率为1%～3.3%；纵向分布特征为：假茎区发生率为0，小鳞茎区发生率为85%～92%，根状茎区发生率为8%～15%，须根区发生率为0。韭蛆以老熟幼虫在韭菜墩及其周围3～4厘米表土层中以休眠方式越冬，无滞育特性。

蛹：越冬幼虫将要化蛹时会逐渐向地表移动，大多在土表韭菜根周围处化蛹。韭蛆具有分泌丝线、拉丝结网及结茧化蛹的习性，在温室内则无越冬，可继续繁衍为害。

成虫：不取食，喜腐殖质，有趋光性，但喜在阴湿弱光环境下活动。飞行能力弱，一般在地表附近活动，上午 9：00～11：00 最为活跃，此时也是交尾高峰，下午 16：00 至夜间栖息于韭菜田土缝中，夜间不活动。雌虫不经交尾也可产卵但卵不能孵化。

3. 如何识别韭蛆危害不同植物的症状？

韭蛆取食范围较广，严重为害百合科、菊科、藜科、十字花科、葫芦科、伞形花科等 7 科 30 多种蔬菜。但以韭菜受害最重，其次为大蒜、洋葱、瓜类和莴苣。另外，还可为害花卉、杂草及中药材等，在江西、北京等地还为害食用菌。韭蛆在不同植物上危害状不同。

（1）**在韭菜上的危害状**。韭蛆以幼虫聚集在蔬菜地下部为害。幼虫取食韭菜植株的叶鞘、幼茎、芽，引起幼茎腐烂，造成叶片变黄、萎蔫下垂，难以萌发新芽，而后把茎咬断蛀入鳞茎内，造成鳞茎腐烂，引起植株倒伏，地上部叶片基部断落，整株萎蔫死亡，引起韭墩死亡，严重时可造成缺苗断垄或成片死亡（图7和图8）。

（2）**在大蒜上的危害状**。韭蛆以幼虫聚集在大蒜蒜头及根部为害。蒜头被幼虫蛀食成孔洞，蒜根被蛀断，残缺不全，被害蒜皮呈黄褐色腐烂状。至大蒜生长后期，蒜瓣裸露、炸裂，裂口处布满幼虫分泌的丝结成的网，丝网上粘有粪便、土粒等。地上部分植株矮化，叶片失绿变黄、发软，呈倒伏状，严重时整株枯死。

（3）**在西、甜瓜上的危害状**。幼虫多群集在根茎结合部集中为害。主要为害西、甜瓜嫁接苗，初期表现不太明显，中期表现为砧木子叶尖端发黄，或子叶部分半边萎蔫似失水状，后期子叶渐渐黄化，子叶萎蔫、皱缩、下垂，茎秆下部被取食成丝状，湿度大时，茎秆下部腐烂呈猝倒状；土壤干燥时，整株萎蔫呈立枯状。拔除被害株，观察根区，仅剩主根或少量侧根。

4. 韭蛆分布在哪些地区？

韭蛆分布非常广泛，主要分布在亚洲。韭蛆在我国分布范围广，全国各地均有发生，主要分布于北方各省区，其中山东地区大量发生，同时江西、四川、湖北、浙江、江苏、上海、台湾等南方地区也时有发生。

5. 韭蛆在我国的发生规律是怎样的？

（1）**不同地区**。韭蛆在不同的地区随纬度不同年发生代数不同，且具有严重的世代重叠现象，如天津一年发生 4 代，山东寿光一年发生 6 代，江苏徐州一年发生 5 代。韭蛆年发生代数随纬度不同而改变。在杭州地区露地韭菜中，韭蛆为一年发生 9 代，室内周年繁殖可达 10 代以上。

（2）**不同栽培模式**。我国韭菜栽培模式多种多样，常见的有温室大棚、阳光大棚、小拱棚、阳光大棚加小拱棚、中拱棚、露地栽培等模式（图9至图14）。不同的韭菜栽培模式下韭蛆的发生规律也不相同。以北方韭菜为例，韭蛆全年发生4～6代，露地韭菜田中以老熟幼虫在韭根周围3～4厘米土中或鳞茎、嫩茎、根茎内休眠过冬，一般春季3月初韭蛆开始危害，3月下旬至5月中旬，大部分越冬幼虫移向地表1～2厘米处化蛹，4月初至5月中旬羽化为成虫并交尾产卵，4～5月是第1代幼虫为害严重期，之后第2代、第3代幼虫分别在7月上旬和9月中、下旬盛发，数量明显减少，9月以后为害又上升，第4代幼虫于11月越冬，正好与韭菜的适宜的生长发育时间相吻合。受温湿度影响保护地韭蛆幼虫不冬眠，周年发生为害，比露地的发生周期长、发生量大，周年可发生6代以上，盛发期主要在春、秋和冬3个季节，冬季在保护地中继续为害，12月至翌年2月为严重为害期，此时为保护地韭菜反季节生产的关键时刻，冬季和春季设施扣棚及覆盖草苫子等措施为韭菜生长提供了有利条件，却也为韭蛆发生提供了有利条件，冬季刚扣棚时和春季掀棚后其发生数量增加明显。

综上所述，虫口密度和产量损失呈正相关，虫口密度越大，产量损失越高。在整个韭菜生长过程中韭蛆各个虫态发生高峰期主要集中于春季和秋末，夏季发生量骤减，冬季调查发现韭蛆主要以老熟幼虫于韭菜鳞茎周围越冬。韭蛆的为害盛期是最后一代幼虫期，即在秋分以后，由于气温和地温偏低，其生长发育缓慢，是防治的最有利时机。此时防治对压低越冬虫源，减轻翌年的危害具有重要作用。

6. 韭蛆的生长发育对温度有什么要求？

温度对昆虫生长发育和繁殖具有较大影响，在适合生长发育的范围内，随着温度升高昆虫的发育历期缩短，发育速率加快，20～25℃是韭蛆幼虫的最适生长温度，成虫寿命最长。适度的低温对韭蛆生存有利，过高的温度明显降低其存活率，30℃以上高温环境下，韭蛆成虫产卵率低，有的成虫只产几粒卵甚至不产卵便死亡。35℃下韭蛆不能够完成完整的世代，其幼虫体内的脂肪体散乱，体壁失水极易干死，各虫态死亡率均较高。幼虫的垂直分布随土壤温度的季节变化而变化，春秋上移、冬夏下移，这是韭蛆春秋季发生重的原因之一。韭蛆幼虫比蛹具有更强的耐寒性，以老熟幼虫越冬，具有很强的耐低温能力，据报道，1月在山西大同地区10厘米地温平均极端最低为−11.6℃，发现有越冬幼虫。

7. 韭蛆的生长发育对湿度有什么要求？

韭蛆的卵孵化、幼虫化蛹及成虫羽化受土壤湿度影响很大。幼虫喜潮湿，土壤含水量是影响韭蛆生长发育的关键因素，卵期适宜的土壤含水量为10%～22%，幼虫期为15%～20%，虫口密度可达100～600头/米^2，蛹期适宜土壤含水量为5%～20%，20%土壤含水量条件下的成虫平均产卵量最大为128粒。土壤湿度过大和干燥均不利于各虫态的存活和发育，卵对湿度最敏感，其胚胎发育过程需一定量的水分才能不断膨大，干燥时卵容易干瘪死亡，不能正常孵化。蛹在高湿高温下能羽化出成虫，翅粘连、足易断裂而死亡，初蛹则呈浊黄色液化，头部伸出，死亡；干燥时初蛹多失水过多导致死亡。成虫产卵对土壤湿度有一定要求，适宜产卵的土壤含水量为10%～22%，落卵数量多；干燥缺水的情况下雌成虫寿命短，且产卵数量大幅降低或者卵的存活率低。

夏季的高温干旱或高温多雨是韭蛆种群数量下降的主导因素。若一次降水量在30毫米以下时，可加重韭蛆为害；若暴雨或浇大水后，地面积水多，土壤空隙间缺乏氧气，导致幼虫移至表层或地面，成虫移向畦边缘或死亡，或因潮湿引起昆虫真菌、细菌病害的传播，影响昆虫正常发育和繁殖，甚至死亡，此时为害轻。在防治上可通过田间灌水或竹签扒土改变土壤湿度，创造不利于韭蛆存活的土壤环境，减轻其危害。

8. 韭蛆的寄主植物有哪些?

韭蛆寄主广泛,危害多科作物,包括百合科、菊科、藜科、十字花科、葫芦科和伞形科等。在以韭菜、大葱、大蒜和洋葱为食料时,韭菜为最适食料。韭菜对韭蛆的生长发育和繁殖最有利,韭蛆成虫产卵对韭菜趋性最高,在其他食料上表现为死亡率增加、发育历期延长及成虫单雌产卵量降低。寄主种类不同韭蛆的发生量也不同,因此,相对于其他作物,韭菜田的发生最重。在生产中应避免同为韭蛆寄主作物的邻近栽植。

9. 韭蛆喜欢什么样的土壤质地?

韭蛆的虫口密度与土壤质地有密切的关系,中壤土韭蛆发生最多,轻壤土和沙壤土次之,黏土容易板结,发生量最少。中壤土通气透水性好,韭蛆虫口密度平均达到 200 头/米^2;轻壤土 60.7～89.7 头/米^2,沙壤土 36.8 头/米^2。凡施用未经腐熟的有机肥，特别是饼肥之类的地块，韭蛆易大量发生，施肥频率高的地块韭蛆发生也偏重，因为幼虫属半腐生性，本身在这些腐烂物中也能生存，而且因肥料足韭菜长势好、土质松散等条件对其有利，所以发生偏重；未腐熟有机肥的臭气可吸引韭蛆成虫产卵危害加重。

10. 韭蛆的寿命有多长？

韭蛆的全代发育历期：卵、幼虫、蛹、成虫，其中成虫期包括产卵前期、产卵期和产卵后期，一般发育1代平均需要30天左右。韭蛆的卵期一般7天，最长可达16天，最短2天；幼虫分4个龄期，发育历期一般为15～20天，最长30天左右，最短11天；蛹期约7天，最长12天，最短约2天；成虫寿命1～9天，产卵前期1～2天，产卵期1天左右，产卵后期0～7天。成虫羽化后即进行交尾，之后1～2天产卵，一般雌成虫产卵后即死亡，雄虫寿命长于雌虫。温度对韭蛆的寿命有一定的影响，各虫态在适温范围内随着温度的升高发育历期缩短。

11. 韭蛆是如何繁衍的？

韭蛆生殖方式为两性生殖，雄成虫有多次交尾的习性，雌成虫一生只交尾一次，产卵后不久死亡。雌成虫交尾后 1～2 天后将卵产在韭株周围土缝内或者土块下等隐蔽场所，大多成堆产卵，产卵趋向寄主附近的隐蔽场所。在适温范围内单雌产卵量 100～300 粒，平均可达 160 粒。20℃左右时成虫寿命长且产卵量高，高温影响产卵及成虫存活，高温高湿的环境（30℃以上）有的只产几粒卵，甚至不产卵便死亡。

韭蛆在农林生态系统与温室环境中发生数量大、危害重，除与外界环境条件如温度、食物等有关外，与其独特的生殖对策也有直接关系，它的性别分化现象也有着积极的生态与进化意义。该虫雌雄交尾产下的后代性别分化较为复杂。韭蛆雌雄交配后，有产雌或产雄单一的现象，也存在产双性别但雌雄数量比例极不对称的现象，这与其幼虫终生群聚取食、喜群居化蛹，且雌雄虫羽化节律一致吻合，假若双性别的雌雄个体聚集在一起，成虫同时羽化，且雌虫活动性不大而雄虫活跃，势必会造成近亲繁殖的概率增大，不利于种群的稳定与进化。从继代繁殖后代的性别分化来看，总体上各世代种群的性比基本保持在1∶1，有利于保持种群稳定。

12. 为什么韭蛆难防治？

（1）韭蛆的适应性强，适生范围广，从我国南方到北方均有分布。

（2）韭蛆的繁殖力强，且发育历期短，30天一头雌虫可以繁殖一百多头。

（3）韭蛆以幼虫群集为害，发生量大，其危害程度与幼虫群集的数量呈正相关。

（4）韭蛆卵和幼虫个体小，隐蔽式地下生活，不易被发现，且前期植株受害症状不易识别，容易错过最佳防治时期。

（5）由于幼虫在地下危害，且周围有韭菜鳞茎包围，化学农药不容易接触，大大降低了化学农药的防治效果。

（6）韭蛆一年发生多代，除了越冬代比较整齐，其他几代世代重叠严重，卵、幼虫、成虫在田间往往同时发生，用药较难防治，且容易产生抗药性，所以防治困难。因此，在农药选用上应注意不同种类农药交替使用，避免韭蛆产生抗药性。

13. 韭蛆的成虫飞行能力怎么样？

韭蛆雄成虫体小但特别活跃，觅偶时翅呈飞翔状，上下不停地扇动，雄成虫羽化后一般在韭菜墩附近飞舞，间歇扩散距离可达百米左右，雌成虫多为爬行活动，在韭菜周围的土缝处活动。

14. 韭蛆在不同种植年限的韭菜田发生量一样吗？

韭蛆种群发生数量与韭菜的生长年限有密切的关系。新建韭菜田的韭蛆发生较轻，韭菜连作可使虫量连年累积，多年种植韭菜田发生严重。三年生和四年生韭菜受韭蛆为害最为严重，远高于一年生、二年生和五年生韭菜。因此适当换茬可减少韭蛆危害，但不宜过勤，结合韭蛆的发生规律和韭菜的生长规律，一般宜 5 年换茬 1 次。

15. 不同品种的韭菜上韭蛆发生情况是否一样？

不同韭菜品种对韭蛆抗性存在显著差异。选用抗寒、抗病虫、分蘖能力强、品质好的品种，如汉中冬韭、平丰 6 号、寿光独根红、马莲韭等，对韭蛆有较好的抗性。韭菜中的芳香油、可溶性蛋白和游离氨基酸的含量与韭菜抗韭蛆特性关系最为密切，其中芳香油对韭菜抗韭蛆特性的相关性尤为突出。韭菜中的芳香油物质是大多数人喜欢韭菜的原因，芳香油对韭蛆活动可能存在较大影响，和韭蛆的"趋化性"有关，尤其在成虫产卵期，芳香油含量较高的品种可能更易招来产卵的成虫，成虫产卵高峰期的田间调查还发现，芳香油含量较高品种的假茎上往往附有更多的未孵化卵块。

16. 淹死韭蛆需要多长时间？

韭蛆幼虫和蛹比较耐水淹，室内试验结果表明，韭蛆三龄幼虫在水中 72 小时死亡率为 40％左右，四龄幼虫在水中 72 小时死亡率为 50％以上，蛹在水中 48 小时死亡率达到了 100％。因此，民间常用灌水法，在春、秋季幼虫发生时，连续浇水 2～3 天，每天淹没畦面，可降低韭蛆的发生。韭蛆成虫遇水几分钟内即死亡，因此，可以用水或糖醋液盆吸引韭蛆成虫入盆淹死。此外，也可以通过地下滴管供应水分，使韭菜的培养基质保持干燥，降低韭蛆成虫产卵。另外，韭菜的无土栽培作为一种新型的技术，对于韭蛆防治有其特殊的优势之处，水培可以杀灭韭蛆，甚至完全消除其危害。

不同淹水时间对韭蛆幼虫的正常生长有影响，水培韭菜淹水 8 小时，能使韭蛆的数量减少 80％以上；沙培韭菜淹水 16 小时能明显减少栽培槽中韭蛆的数量，而对韭菜的品质和生物学性状无明显影响，淹水 8 小时能使韭蛆数减少，但后期由于虫卵的孵化，数量又开始上升，淹水 24 小时，韭菜根系活力下降，品质降低；土壤栽培淹水 24 小时韭蛆最少，但是植株生长不良，8 小时和 16 小时处理，对韭蛆的危害没有明显的抑制作用。

17. 韭蛆喜欢什么味道？

昆虫寻找其寄主植物和产卵场所的行为过程中，通过嗅觉感知来自寄主植物及周围环境中的挥发性气味，并表现出趋性或负趋性的行为结果。韭蛆具有一定的趋化性，这可能与其成虫触角上有大量不同类型化学感受器有关。韭菜植株、大蒜素、大蒜乙醇提取物和多硫化钙对韭蛆成虫均有明显的引诱作用，但不同味源物和不同剂量间引诱力有较明显的差异。韭蛆幼虫具有半腐生性，对腐殖质趋性强，且成虫更喜欢在土壤有机质含量高的地方产卵。田间调查发现，施过多有机肥的韭菜田韭蛆发生危害严重，这与韭蛆对有机肥中挥发的含硫气味有趋性有关，因此，田间种植韭菜使用的有机肥料必须进行腐熟处理，且周围没有枯苗烂叶和发臭的垃圾堆。

18. 韭蛆喜欢什么颜色?

韭蛆成虫有趋光性,但喜在阴湿弱光环境下活动。成虫趋性较强的颜色为棕色和黑色,橙色则对其有一定的驱避作用。性别对韭蛆成虫颜色趋性行为的影响不大。因此,可选用黑色色板对成虫进行诱杀。

19. 为何农药易在韭菜中残留?

(1)韭蛆藏在土壤和韭菜鳞茎里危害,虫口密度大,每墩虫量可达上千头,一般喷洒农药对韭蛆无效,很多农民采用农药浇灌根部的方式进行防治,甚至使用大量高毒农药,通过这样的操作,其中一部分农药会被韭菜根部吸收,如果使用的农药为内吸性药剂,则更容易被韭菜吸收,而通过根部进入韭菜内部的农药是不容易代谢掉的。

(2)由于韭菜属于连续性采收的农作物,生长期偏短,而且农民经常为了保证韭菜新鲜,农药的安全间隔期还未过去，就提前采割上市。

（3）土壤胶体对农药的吸附，使农药分解速度变慢，土壤中会残留大量的化学农药且残留期较长，不但对土壤造成污染，也使韭菜持续受到土壤中农药的污染。

第二讲
预防韭蛆

1. 苗期如何杜绝韭蛆发生?

(1) **苗期处理**。苗床使用无虫床土或对土壤进行消毒处理,每亩用5‰辛硫磷颗粒剂2千克加细干土20千克拌成药土,于播种前撒施于播种沟(畦)内,覆些土再下种。

(2) **拌种**。要选用饱满的种子,无论是袋装还是散装种子,都要先晒种2~3天,然后去掉秕粒、霉粒。大葱、韭菜等播种前,每100克种子可用40%二嗪农粉剂3~5克拌种。

(3) **浸种催芽**。育苗时期浸种催芽,促进早发,可通过浸种杀灭种子表面虫卵的方法来减少韭蛆幼虫的发生。浸种可使种子在适宜温度下充分吸涨,增强种子发芽抗性和适应力,为了保温可在温箱或棉被中保温浸种,浸种时间为一昼夜。注意防止浸种温度过高和时间过久造成部分种子生活力下降、发芽率降低。

2. 如何选择肥料来预防韭蛆？

(1) 韭菜的耐肥力很强，韭菜的生长需要使用氮、磷、钾等多种有机肥料和微量元素，韭菜最喜欢的肥料是鸡鸭粪、人畜粪、家杂灰和饼肥。用饼肥时要先把饼沤熟，兑水稀释再泼浇，施肥的时间最好在傍晚。田间调查发现，施用过多有机肥的韭菜田韭蛆发生危害严重，在韭菜田施肥时切忌施用未腐熟的有机肥及饼肥。如果需要韭菜开花结果则在花期前要施一些磷肥和钾肥，如草木灰或腐熟的其他肥料等。

(2) 韭菜除施用底肥外，还需"刀刀追肥"，即每次收割后都要追肥1～2次。追肥应在收割后3～4天进行，待收割的伤口愈合、新叶长出时施入，收割后立即追肥容易造成肥害。春季收割2～3次，每次收割后结合浇水追施速效氮肥，以恢复长势。早春或在韭菜收割后，将未经雨淋过的草木灰撒在畦面，锄匀锄透使其混入土中，或开沟（以见根为宜）施入沟内，覆土盖严，这样做使土壤表层经常处于干燥状态，细小的虫卵无法孵化，锄地施灰不利于韭蛆生活，从而起到防治作用，同时增加了磷钾肥含量，可使韭菜苗齐苗壮、增加产量，适合农户小面积实施。

（3）有机磷农药的使用对于韭菜的生长有一定的磷肥作用，用后韭菜生长明显苗壮，变得粗大、油绿，外观更漂亮，可以适当选用有机磷药剂防治韭蛆幼虫，但注意残留限量标准。

（4）追肥应以速效氮肥和人粪尿为主，也不要过量施用化肥尤其是氮肥，但可在韭菜生长期间将氨水稀释进行灌根杀灭韭蛆，在韭菜生长期间，每亩用氨水 15～25 千克，按 80～100 倍液稀释，灌根或随水冲施，均有杀灭韭蛆的作用。结合浇水每亩随水追施碳酸氢铵 15～20 千克，也可有效杀灭幼虫。

3. 怎样收割韭菜来防治韭蛆？

正确处理韭菜收割与养根，不仅能获得连续高产，还能有效防治韭蛆危害。韭菜一年最多可以割 10 刀左右，为了保证韭菜产量和品质，每次相隔 25～30 天，一般全年可收割 4～5 次，夏季不收割。割韭菜要在早晨或者傍晚时进行，要用快刀平泥割。割时要按先后顺序割，割后用钉耙松土，把旁边的细土上扒一点盖到韭菜桩子上，过 3～4 天后施一次肥。韭菜比较耐旱，如果天气过于干旱时要在早晨浇水。炎夏不适于韭菜生长，应防治种蝇等其他害虫，不留种的地块应及时采摘花薹。在当地韭菜凋萎前 50～60 天停止收割，使营养物质向根茎转移，增强越冬抗寒能力，为翌年春天返青生长奠定物质基础。北方计划冬季保护地栽培韭菜时，秋季不应收割，并于植株生长期间用竹杆将韭株围护起来，防止倒伏，使营养积累于根茎中。

4. 韭菜采收后应该怎么防治韭蛆？

（1）覆膜。韭菜刚刚收割后，因在韭菜畦上空飘散着浓郁的韭菜味，所以引来大批成虫产卵。因此，韭菜收割后，一定要立即在韭菜畦面上覆盖塑料薄膜 3～5 天，待韭菜伤口愈合，气味消失后，再揭掉薄膜。

（2）覆沙。韭菜生长中有一特殊的现象"跳根"。韭菜每割一茬，就会长出一个小葫芦。根就向上拱出 0.5 厘米左右。时间长了，根就会露出地表，无法吸收地下营养了，所以覆土就成了韭菜生产的常规项目。在新技术中，将传统的覆土变成了覆沙。露地韭菜，培 1～5 厘米厚的细河沙土 1～3 次，可填补土缝并有效阻止韭蛆成虫产卵，也可干燥地表、改变韭蛆的生活条件，不利卵孵化。有研究表明不同的表层干燥厚度对韭蛆的虫卵孵化有显著影响，沙培随着干燥厚度的增加，韭蛆幼虫的数量明显减少，其中表层干燥 2 厘米和 4 厘米时韭蛆的数量减少不能消除对韭菜的危害，表层干燥 6 厘米时韭蛆数量最少，且对韭菜的生物学性状和品质无影响，所以沙培以表层干燥 6 厘米为宜；土壤栽培以表层干燥 4 厘米为最佳厚度，表层干燥 2 厘米韭蛆数减少不能减小对植株的危害，而干燥表层 6 厘米植株生长缓慢，生长期延长，韭菜品质下降。

（3）**覆盖草木灰**。见第二讲（2. 如何选择肥料预防韭蛆?）。

5. 韭菜移栽需要注意哪些事项?

如果准备新植韭菜园，推荐采用育苗移栽的方式，直接播种不仅产量低、成本大，而且田间管理难，韭蛆危害重。育苗移栽成功率高，管理简便。韭菜苗期移栽应注意以下几点：

（1）**起苗**。育苗地于定植前一天浇水，起苗后抖净泥土，大小苗分级，苗期 120 天，幼苗长有 7～9 片叶、株高 18～20 厘米时为定植期。将韭菜苗剪去须根末端，留 3～5 厘米将以促新根发育，剪掉叶端，留叶长 8～10 厘米，以减少叶面蒸发，维持根系吸收和叶面蒸发平衡。

（2）**定植时间**。要错开高温高湿季节。韭菜一般在农历 3 月初下种育苗，到中秋节前移栽。

（3）**定植方法**。定植方式主要有单株密植、小丛密植、小垄丛植、宽垄大撮等。株行距 10 厘米×20 厘米，每穴栽苗 8～10 株；或（30～36）厘米×20 厘米，每穴定植 20～30 株，栽植深度以不埋住分蘖节为宜。

（4）**定植前晒根和蘸根。**移栽时挑无蛆鳞茎。韭根移栽时将韭根曝晒 1～2 天杀灭幼蛆，定植后 3 天连浇两次水，及时锄划 2～3 次蹲苗，土壤半干湿状态。进入雨季应及时排涝。定植前药剂蘸根，大葱、洋葱和移栽的韭菜，在定植前用 40％辛硫磷乳油 300～400 倍液蘸根 1 分钟，可杀死秧苗自身携带的大部分害虫，减少田间初侵染虫源。

第三讲
韭蛆的防治

1. 韭蛆防治的原则是什么？

（1）要遵循"预防为主，综合防治"的方针，可采用春虫冬治和秋虫夏治的方法提前预防，构成韭蛆发生的环境因素及影响其发生的原因是多方面的，应根据韭蛆虫害发生的规律、当时当地韭蛆的发生情况和韭菜的栽培模式，结合田间定点观测和环境条件监测情况，及时做好危害判断预防，抓住有利时机，采取相应的措施。

（2）目前韭蛆的各种防治措施各有优点，但也有其局限性，农业防治、物理防治和生物防治方法虽然有效，但还不能完全代替化学防治，必要时仍需要适量、适宜地使用化学农药来迅速压低虫口密度，因此，在生产上应结合当地生产实际，选择成本低、效果好的技术组装配套，多种针对性措施配合使用，取长补短，相辅相成，尽量采用安全、高效的无污染防治技术，选用高效、低毒、低残留农药，减少化学农药的使用次数和使用量，形成无公害韭菜栽种技术体系，达到最佳的防治效果。

（3）韭蛆成虫具有一定的迁飞性，在防治成虫阶段，规模连片的基地和分散管理农户应统一时间集中防治。

2. 韭蛆的防治方法有哪些？

韭蛆的防治方法多样，主要包括农业防治、物理防治、生物防治和化学防治技术。

（1）农业防治是利用栽培和环境控制的方法抑制害虫种群数量。农业防治方法大多不能在生长季节或害虫种群数量达到经济为害水平以后再去使用，必须预先计划和实施，农业防治的目的是使环境不利于害虫的发生，这种防治方法不会立刻显示出效果，因而常被农民忽视。韭蛆的农业防治技术包括：选用抗虫品种、预防和减少外来虫源、合理施肥、增加或降低田间湿度、覆沙、增加田间温度、合理轮作换茬等。

（2）物理防治是利用各种物理因子、人工或机器消除等方法杀死有害生物，包括诱杀、趋避、阻隔、捕杀等方法。物理防治的优点是一般简便易行，成本使用，不污染环境，可以在短时间内大量、快速的杀灭成虫，既可以预防害虫，也可以在害虫发生时使用，还可以与其他方法协同进行。物理防治的缺点是费时费工，需要大面积成方连片地进行使用，需要大量人力，对天敌以及其他非靶标生物的影响较大。因此，这种方法实际应用中存在局限性，不能频繁使用，要抓住关键使用时期使用。韭蛆的物理防治技术包括：防虫网阻隔技术、色板诱杀、糖醋液和水盆诱杀技术、灯光诱杀技术、臭氧水防治技术、沼液灌根防治技术、物理趋避技术。

（3）生物防治是利用生物物种间的相互关系，以一种或一类生物抑制另一种或另一类生物，是降低有害生物种群密度的一种方法。它的最大优点是不污染环境，能有效地保护天敌，发挥持续控灾作用，是农药等非生物防治方法所不能比的。缺点是杀虫效果较慢，在高虫口密度下使用不能完全达到迅速压低虫口的目的。韭蛆的生物防治主要采用线虫、白僵菌、苏云金芽孢杆菌（Bt）防治等。目前，白僵菌、线虫、苏云金芽孢杆菌均能大规模生产，并被商品化，容易买到。

（4）化学防治在韭蛆的众多防治技术里具有操作简单、防治成本低、见效快的优势，且在一定条件下，能快速消灭害虫，压低虫口密度。因此，被广泛地应用于韭蛆防治。但是长期使用使韭蛆产生抗药性，污染环境，杀伤天敌。目前，化学防治的对象主要为韭蛆幼虫，针对韭蛆成虫的药剂相对较少。化学药剂的种类主要集中在毒死蜱、辛硫磷、敌百虫、丙硫百威和丁硫克百威等，其中，毒死蜱（乐斯本）在我国蔬菜上已被禁止使用。有些地区甚至还用对硫磷、甲拌磷、呋喃丹等高毒农药灌根防治韭蛆，造成韭菜中农药残留严重超标，影响食品安全。近年来有一些新型作用机制的药剂也在进行登记，如植物源药剂、新烟碱类药剂、昆虫生长调节剂也可用于韭蛆的防治。使用化学农药的方式和器具也具有多样性。

3. 韭蛆的农业防治方法有哪些？

（1）**选用抗虫品种**。因地制宜的选择优良品种，如寿光独根红、汉中冬韭等。

（2）**预防和减少外来虫源**。清洁田园，及时清除田间枯叶、病残株及杂草，集中深埋或投入沼气池。在移栽韭菜时清除带虫的韭苗，深埋或烧毁，可有效减少田间虫源。注意大棚和防虫网室的连接处和入口处的防护工作，对于破损处要及时修复，严防韭蛆成虫飞入。

（3）**合理施肥**。加强肥水管理，少施尿素、胺类肥料等氮肥，追施磷酸二氢钾和冲施肥。过量施用氮肥造成韭菜偏氮徒长和韭菜植株体内硝酸盐含量升高，影响韭菜口感和食用安全性。韭菜种植中追肥施用的化学肥料如氨态氮肥，能挥发出氨气，对韭蛆有一定的驱避和灭杀作用。随水冲施氨水，对韭蛆幼虫也具有明显的灭杀作用。韭菜收割后，及时撒施一层草木灰，可以阻止成虫产卵，并具有灭蛆、杀菌、增产等作用。在施用农家肥时要注意充分发酵腐熟。韭菜生产切记不可施用未腐熟的有机肥，通过腐熟，可杀死有机肥中大量的虫卵，并且腐熟的有机肥，也不会吸引韭蛆成虫来产卵，这样再施入田间，可有效地降低田间韭蛆基数，减轻危害。有试验发现，腐熟的牛羊粪肥，对韭蛆的发生有抑制作用，而腐熟的鸡粪，抑蛆效果差，因此，在韭菜生产中，应使用腐熟的牛羊粪肥，一般每年使用一次即可，用量为每亩 6～7 米^3。

(4) 增加或降低田间湿度。根据韭蛆的幼虫性喜潮湿、土壤含水量 10%～20% 最为适宜的特性，可通过破坏韭蛆的生存环境来达到防治的目的。露地韭菜田在春秋两季危害发生时，可以连续浇水淹没根系。保护地韭菜田可选择分别在 10 月下旬和翌年 3 月初进行灌水。在韭菜生长期，也可利用地下滴灌供给水分，从而保持了土壤表层的干燥，不利于的成虫产卵，从而降低韭蛆虫口密度。春季拱棚和露地韭菜萌芽前，打扫死叶和杂草，进行深锄松土，剔开韭田的簇心土充分晾晒 7～10 天，可将幼虫晒死，在夏季高温期，韭菜养根期划锄松土，禁止浇水，保持土壤干燥，降低越夏虫口数。

（5）**覆沙。**参见第二讲（3. 韭菜采收后该怎么防治韭蛆?）

（6）**增加田间温度。**当温度达到 30℃ 以上时，韭蛆卵、幼虫的存活率就大幅度降低，根据这一特性，田间在夏季养根期进行覆盖薄膜，在原有的高温基础上进一步提高土壤温度，进而杀灭越夏韭蛆。

（7）**合理轮作换茬。**韭菜是多年生宿根蔬菜，如果管理得当，可连续采收 10 年，但连作会对农产品品质造成很大影响，随着连作年限的增加，不同刀次的韭菜中维生素 C 含量、粗纤维含量、叶绿素含量和溶性糖含量等都会下降，最终导致韭菜品质的整体下降。同时连作为害虫提供了丰富的食物，造成虫量逐渐累积致使危害程度逐年加重。通常情况下种植 1 年和 2 年的韭菜田韭蛆发生较轻，种植 3 年以上的韭菜田韭蛆为害严重。生产中轮作倒茬是防治韭蛆最有效的方法之一，可有效减轻韭蛆为害。一般韭菜种植 5 年后可与非百合科作物蔬菜轮作 1 次，忌与大蒜、大葱、洋葱等连作，换茬作物以种植菜豆、瓜类和十字花科作物最为适宜，有条件的地区实行水旱轮作，效果更理想，这样不仅有利于韭菜品质的提高，还可减轻韭蛆等病虫害的发生。

4. 如何利用防虫网阻隔技术防治韭蛆？

防虫网覆盖对韭蛆有一定的隔离作用，随着防虫网目数的增加，防虫网的隔离作用增强。韭蛆雄成虫的逃出能力高于雌虫，其中对雌虫的有效阻隔目数为 50～60 目，对雄虫的有效阻隔目数为 60～70 目，这主要是与韭蛆的雌雄成虫个体之间的大小差异有关，韭蛆雄成虫体长 3.3～4.8 毫米（平均 4.3 毫米），雌成虫体长 4～5 毫米（平均 4.6 毫米）。田间试验结果表明，40 目和 60 目的防虫网对韭蛆都有一定的防治效果，可以有效减少越冬幼虫羽化后迁入危害。在生产中对雌成虫的阻隔可有效防止韭蛆迁飞到新地块里产卵，因此，对防治韭蛆具有更直接的意义。

覆盖防虫网对韭菜的生长有一定的影响，40

目、50 目和 60 目防虫网有利于韭菜生长，这可能与防虫网改变试验小区小气候有关，春季温度升高、气候干燥，而韭菜为耐阴喜光蔬菜，空气相对湿度和叶温是影响韭菜光合作用的主要因子，覆盖防虫网可减少水分的蒸发，增加网内的空气湿度，提高产量，但防虫网目数过高（大于80 目）在一定程度上影响网内光照强度，对韭菜生长造成不利的影响。

注意事项：用防虫网覆盖韭菜地，需在覆网前要保证韭菜地中无韭蛆，且对进入防虫网内的肥料等要经过严格处理，以防带入虫源。注意防虫网接口处、门口等缝隙，防止韭蛆进入防虫网内。防虫网经过风吹日晒容易产生破损，降低了防治效果，也增加了防治成本。结合韭蛆的田间发生规律、防虫网对韭蛆的阻隔效果和对韭菜生长的影响，推荐在韭蛆成虫盛发期即春季和秋季覆盖 40～60 目防虫网，既可以保证防虫网的效果，也可以增加防虫网的使用寿命，降低成本。

5. 如何利用糖醋酒液和清水诱杀技术防治韭蛆?

糖醋酒液诱杀技术已在害虫防治上得到广泛应用，糖醋酒液具有配制简单、应用范围广等优点。糖醋液是糖醋酒按照一定比例配制，并加入杀虫剂等配制的溶液，可起到杀灭害虫的作用。糖醋酒液对韭蛆具有诱杀效果，但不同配方糖醋酒液的诱杀效果不同，说明有效物质的组成及比例是决定引诱效果的关键因素。据报道，当绵白糖、乙酸、无水乙醇和水的配比为 3∶3∶1∶80 时对成虫诱集效果最好。生产中红醋配制的糖醋酒液对韭蛆成虫的引诱效果要优于白醋。清水对韭蛆成虫具有一定的诱集效果，但较糖醋酒液效果差，仅可作为预测预报手段使用。

糖醋酒液和清水诱杀技术：在越冬代成虫羽化高峰期时使用，选背风向阳的地方每亩放置10个水盆（直径 15 厘米左右），每 5~7 天更换1次，隔日加醋。由于韭蛆成虫的活动能力较弱，因此，水盆和糖醋液盆的位置越低越好，应保证盆埋到土里，盆内的液面和地面相平。或者在韭菜田直接挖 10 个土坑，铺上地膜后即可添加诱杀液，保证液面与地表齐平，既简便又节省盛液器皿，效果也很明显。注意检查保持盆内或坑内存有诱杀液。在韭菜种植面积较大时需要将糖醋液连片使用以保证效果。由于水分是韭蛆成虫产卵的关键因子，成虫羽化后不需要取食但是必须补充水分才能进行种群繁衍，因此，在越冬代成虫羽化前结合控制田间湿度，来增加糖醋酒液和水盆的诱集效果。

注意事项：并不是任何栽培模式的韭菜都适宜用糖醋液和水盆诱集的方法，在露天韭菜地不适宜用水盆，露天水分蒸发快，水盆易干燥。糖醋酒液可在温室、简易大棚适当使用，温室大棚使用糖醋酒液需要及时更换，高温条件下糖醋酒液容易发酵腐败。

6. 如何利用色板诱杀技术防治韭蛆？

色板诱杀是诱杀韭蛆成虫较好的方法，可以

直观、快速、有效的监测到韭蛆种群成虫的发生动态，其操作简单、经济成本低，受自然情况影响较小。韭蛆成虫对颜色的趋性以及其能飞等特性，均为色板诱杀提供了便利条件。掌握合适的色板颜色、悬挂高度等可以更加有效的降低使用成本，增加诱虫数量。色板诱杀是在设施栽培中应用效果最佳、使用方便的防治韭蛆成虫的方法。

田间试验显示，不同颜色的粘虫板对韭蛆成虫吸引的效果排序为：黑色＞黄色＞蓝色；韭蛆羽化成虫出土后多在土表或土缝中爬行，或在韭菜根间隙及韭叶上停歇，偶尔飞翔，活动能力差，在不受惊扰或特殊气候因素的影响下很少远飞或高飞，因此，粘虫板水平放置对其诱杀效果要明显好于垂直悬挂，不同高度设置，距地面0～20厘米尽量贴近地面黑色粘虫色板诱虫量最多，随着高度的增加诱集效果逐渐减弱；利用粘虫板诱杀成虫的常用方法是将粘虫板水平放置于地表，也可以垂直悬挂于平行或略高于作物顶端的位置。

露天韭菜田可选用色板监测韭蛆成虫发生动

态，但要注意在大风或雨天停止使用，并注意及时更换。温室大棚韭菜田内，由于温室湿度大，色板易被滴水，要注意保护色板，比如在色板正上方大棚顶部悬挂挡板、及时更换色板等，避免因水滴影响色板的黏度。

7. 如何利用灯光诱杀技术防治韭蛆？

灯光诱杀就是利用生物的趋光性诱集并消灭害虫，专门诱杀害虫的成虫，降低害虫基数，使害虫的密度和落卵量大幅度降低。灯光诱杀是成本最低、用工最少、副作用小的物理防治方法。不同种类的昆虫对不同波段光谱的敏感性不同，在长波紫外光和可见光的光谱范围内，光谱范围越宽，诱虫种类越多。

根据韭蛆成虫的趋光性，于越冬代成虫羽化盛期，在韭菜田设置5瓦普通日光灯或专用诱虫灯，在晚上开灯诱虫，每亩设置1盏，灯下30厘米处放一个糖醋液或水盆，诱杀韭蛆成虫。

8. 臭氧水防治技术的原理是什么?

臭氧在常温下是一种不稳定的、带有特殊刺激性气味的淡蓝色气体,具有强氧化力,且自身极不稳定,分解速度快,易分解为氧。臭氧能溶于水中,形成臭氧水。臭氧水有较强的氧化性,对多种病虫害等均有较强的杀灭作用,同时因为其分解快、不污染环境、无残留,所以人们把它称为"理想环保的强氧化药剂",是一种广泛的杀菌剂、杀虫剂和消毒剂。臭氧水防治技术是臭氧发生设备产生臭氧(O_3)气体,利用臭氧溶于水的特性,通过水气混合器将臭氧气体充分溶解到水中,用含一定浓度的臭氧水灌溉土壤,利用臭氧的氧化性等特性防治害虫的技术(图15)。

臭氧主要通过以下三种形式杀灭害虫:一是臭氧直接作用于害虫有机体,通过气门或体壁进入有机体内后氧化虫体细胞壁中的不饱和脂肪酸,破坏其双重结合部,进一步破坏卵磷脂,使虫体的体液流失,最终导致害虫死亡;二是在产生臭氧的同时,势必会在一定程度上降低限定空间内的氧气浓度，促使害虫延长气门开启的时间，失水与窒息共同作用而引起害虫死亡；三是臭氧作用、低氧窒息与低湿失水的联合作用。

9. 如何利用臭氧水灌溉技术防治韭蛆？

臭氧会因为光、热、水分等加速分解，其杀虫效果也受到多种环境因子影响。研究表明，臭氧水中臭氧的分解速度与温度有显著的关系，温度越高，臭氧的分解速度越快，温度达到 30℃时，臭氧的半衰期为 6 分钟。因此，在田间使用时，温度越低越好，结合韭蛆的发生规律，推荐露地韭菜在秋末和早春幼虫盛生发期且土壤未上冻时使用，且应在夜晚或阴天使用；设施栽培韭菜则应在扣棚前和扣棚期间使用。

臭氧水中的臭氧极易与水中的其他离子发生反应，其在水溶液中的稳定性与水质有关，水的纯度越高，臭氧分解的越慢，水质越差，则臭氧分解的越快。在一些地区水中金属离子浓度较高时臭氧水对韭蛆的防治效果降低明显。臭氧的分解速度与水的 pH 有关，pH 偏高，臭氧分解速度越快，臭氧水稳定性越差。因此，田间灌溉臭氧水时应尽量选择水质较好的水源，同时可以在臭氧水溶液中适当加入少量醋酸来增加臭氧的稳定性。

臭氧水对韭蛆幼虫和蛹具有较强的杀伤力，对成虫和卵基本无效。在田间使用时，应选择在幼虫期和蛹期使用，防治效果较好。在田间应用臭氧水防治韭蛆时，其浓度应控制在 10～20 毫克/升，既对韭蛆有较高的防效，也对韭菜具有一定的促生长作用，浓度过高容易产生药害，导致韭菜叶面灼伤。在虫口数量少（＜100 头/墩）的保护地韭菜田，冬季和初春季节每隔一个月用臭氧水进行灌溉一次，连续灌溉 2～4 次，可有效控制韭蛆危害低于经济阈值（图 15）。

10. 如何利用臭氧水与农药联合使用技术防治韭蛆？

研究证明臭氧水与噻虫胺、吡虫啉、噻虫嗪等药剂配合使用比单独使用药剂的防治效果好，配合使用下药剂的LC_{50}值比单独使用时降低一半以上。因此，在虫口密度较大的情况下，可以通过臭氧水与农药联合使用。先使用臭氧水，通过臭氧水破坏昆虫体壁，再使用化学农药，既提高化学农药的防治效果，降低了农药使用量，又迅速压低了田间虫口密度。联合使用时注意间隔期，臭氧水可能会降解某些农药，降低农药的防效，因此，建议臭氧水和农药使用时间隔期至少1天。

11. 沼液防治技术的原理是什么？

沼液是一种优质的有机肥资源，含有丰富的有机质，氮、磷、钾、铜、锌、锰等大量营养元素和微量营养元素，而且含有 17 种氨基酸活性酶。沼液在农业中的主要作用有：促进植物生长；提高植物抗病力；改善农产品品质；活化土壤，提高土壤中的有益菌群数量，增强作物抗重茬能力；防治植物病虫害。沼液防治虫害的作用机理主要有驱避作用、触杀作用和寄生作用。驱避作用主要是驱避成虫产卵，施用沼液后迫使成虫转移产卵目标；触杀作用是直接杀死害虫，沼液在厌氧发酵过程中繁殖大量的微生物，这些微生物在分解原料产生沼气的过程中分泌许多具有杀虫作用的物质，即生物杀虫剂，包括目前还没有被人类发现的一些杀虫物质；寄生作用是寄生菌致死害虫，有些微生物是既能在厌氧条件下生存，也能在好氧条件下生存的兼性菌，可以在好氧条件下寄生在害虫的体表或体内，损坏害虫的机体或干扰害虫的生理机能或使害虫生病而死亡。沼液因其无污染、无残毒、无抗药性而被称为"生物农药"。

12. 如何利用沼液防治技术防治韭蛆？

使用方法：选用发酵完全的新鲜沼液过滤后得到的沼液，春季扒开韭菜根部土壤，在有韭蛆白色幼虫出现的地方，用沼液顺韭菜行垄灌和沟灌并使沼液下渗土壤深度为 10～15 厘米，可有效杀死土壤中的韭蛆幼虫。沼液可连续施用，一般以韭蛆发生初期防治效果较好，每亩用沼液

2 000千克随水冲施，每10天冲1次，每茬冲施2次，冲施沼液可抑制韭蛆地下幼虫的生长。沼液驱避韭蛆成虫产卵的效果非常明显，在成虫产卵期，每隔7～10天叶面喷施1次沼液，充分发挥沼液对成虫产卵的驱避作用，能够控制韭蛆的危害。沼液可以和化学农药联合使用，降低化学农药的使用量，首先浇水并按照水与沼液比例为1∶2随水冲施，2～3天后由于地下氧气含量大幅度降低和沼液对韭蛆的驱避作用，韭蛆从地下较深土层上升到地表活动，这时可用800倍液的辛硫磷溶液顺垄灌根。使用沼液不仅可以控制韭蛆危害，还能够提高韭菜品质，使其口感更佳，同时改善韭菜生长环境和采收条件，降低用肥、用药成本，增加综合效益。

注意事项：必须使用运行稳定至3个月以上的沼气池的沼液，并且符合沼肥无害化施用卫生指标，当沼液用于杀灭病虫害时，应取现用。将沼液暴露在空气中5～7天，期间多次搅动，使溶解在沼液中的硫化氢气体充分逸散，之后将液面的浮渣清除后即可使用。喷施量要根据作物品种、生长的不同阶段及环境条件确定，尽可能将沼液喷施于叶子背面，有利于作物和果树的快速吸收。沼液喷施时间应在早上 8～10 点进行，或下午 17 点后喷施，中午高温时喷施会灼伤叶片；下雨前不要喷施，雨水会冲走沼液。

13. 如何利用物理趋避技术防治韭蛆？

韭蛆的物理趋避技术主要是指趋避成虫产卵，即利用一些有刺激气味的天然化合物或者一些商品化的药剂等人工合成的化合物喷施到作物表面来驱避成虫产卵。除了沼液之外，还有很多物质对韭蛆成虫产卵趋避有一定作用。目前，韭蛆成虫的产卵驱避剂已经有很多，而且实际应用中效果明显。有研究发现韭蛆成虫发生期喷施硫黄粉对产卵有明显的驱避作用，对韭蛆幼虫的发生控制效果明显，当亩用量 1 千克和 2 千克喷施时的虫口减退率分别为 78.39% 和 81.76%。成虫发生期施用石灰氮、沼液和碳酸氢铵常规用量处理 1 天后，产卵驱避率在 80.97%～83.03%。成虫发生期田间施用石灰氮、沼液和统壮（含烟碱的有机肥)对韭蛆的控制效果明显,虫口减退率在61.51%～72.00%,平均虫株率显著低于对照组,且地上部鲜重、株高、茎粗和叶宽显著优于对照,可作为韭蛆生态控制的重要方法之一。

14. 哪些化学农药可以杀死韭蛆?

(1) 烟碱类。包括吡虫啉、噻虫胺、呋虫胺、噻虫啉、噻虫嗪等新烟碱类杀虫剂,在我国韭蛆防治上有很大应用潜力,主要用来防治韭蛆幼虫。烟碱类杀虫剂对韭蛆的毒力较高,作用方式以触杀和胃毒为主,能显著延长其发育历期,降低化蛹率和羽化率。噻虫嗪和噻虫胺半衰期长,韭菜养根期高温药剂分解率低,因此,在韭菜养根期除保证其正常生长外,要尽量减少灌溉次数,提高药剂利用率,延长持效期。

使用方法:使用吡虫啉按用药量每亩500～750克用水稀释,搅拌均匀,稀释后的药液浇灌韭菜根部。用25%噻虫嗪水分散粒剂120克/亩和5%氟铃脲乳油300毫升/亩混用,韭菜收割后2～3天,进行灌根来防治韭蛆幼虫。48%噻虫胺悬浮剂每亩用量 200 毫升用水稀释，顺垄灌根防治韭蛆幼虫，可视土壤墒情来确定用水量。有田间药效试验表明，噻虫胺、吡虫啉、噻虫嗪对韭蛆防效高，其中以噻虫胺对韭蛆幼虫持续控制作用大，环境友好，十分适合田间防治韭蛆推广应用。

注意事项：勿与碱性物质混用，安全间隔期 10 天，最多施药次数 2 次，施药间隔 7 天。对哺乳动物毒性低，此类药剂对蜜蜂高毒，对蚯蚓安全性偏低，潜在的环境风险较高。在使用新烟碱类药剂时，宜在地上部分收割后施药，并且考虑到植物伤流吐水效应，最好在收割 48 小时韭菜伤口基本愈合后施药。有研究发现不同剂量噻虫嗪和噻虫胺喷淋施药 7 天后对韭蛆四龄幼虫防治效果不理想，但对下一代韭蛆的防治效果明显上升，甚至达到 100%。因此，施药时期的把握对于韭蛆防治的成败起着至关重要的作用，田间防治时要做好预测预报、抓好低龄幼虫期的防治。考虑到新烟碱类药剂存在温度效应和浓度效应，故应在地温高的季节如初夏或设施韭菜地中（加强根部活力）使用，选择傍晚进行施药（减少蒸腾拉力作用），这些措施均可以减少药剂的损失，提高农药利用率。

（2）**菊酯类**。包括了高效氯氰菊酯等，生物活性较高，具有触杀和胃毒作用，主要用于防治韭蛆成虫。

使用方法：主在成虫始盛期和盛期，可在韭菜收割后，于上午 9∶00～11∶00 用菊酯类农药，如 2.5％的溴氰菊酯或 20％氰戊菊酯 3 000 倍液，4.5％顺式氯氰菊酯水乳剂（高效氯氰菊酯）1 000～1 500 倍液或 2.5％高效氯氟氰乳油（三氟氯氰菊酯）2 500～3 000 倍液。喷雾时以韭菜田地面均匀布满药液为宜。

注意事项：在韭菜上使用安全间隔期为 10 天，最多使用 2 次，不可与碱性农药等物质混合使用。菊酯类农药对蜜蜂、家蚕、鱼类等水生生物有毒，施药期间应避免对周围蜜蜂的影响，植物花期、蚕室和桑园附近禁用。

（3）**有机磷类**。目前韭菜生产中最常用的一类药剂就是有机磷类，包括常用的毒死蜱（乐斯本）、辛硫磷等，这一类杀虫剂稳定性较差，在韭菜养根期温度高、降水频繁等条件下持效期短，且过量使用易杀伤非靶标生物，污染环境。毒死蜱（乐斯本）取代高毒农药，属中等毒性，防治效果也好，但在 2016 年 6 月美国环保局宣布了关于毒死蜱的最新决定，认为毒死蜱是一类较老的、危害性较高的农药，能引起人体胆碱酯酶的活性被抑制，蓄积于神经系统后导致恶心、头晕、甚至神志不清，高浓度暴露可造成呼吸麻痹和死亡，对儿童的影响略大些，目前在我国蔬菜上已经被禁止使用。

辛硫磷（肟硫磷、倍腈松、腈肟磷），常见的制剂有 40%、50%、75%乳油，5%、10%颗粒剂。辛硫磷具触杀和胃毒作用，无内吸作用，主要用来防治韭蛆幼虫和成虫。当害虫接触药液后，神经系统麻痹，中毒停食导致死亡，击倒速度快。在中性或酸性介质中稳定，在碱性介质中易分解，在黑暗或遮光条件下分解缓慢，残效期达 1~2 个月，适于土壤处理防治地下害虫；见光易分解失效，残效期 2~3 天。

使用方法：可在韭蛆卵孵化盛期至幼虫一龄期，用 50%辛硫磷乳油每公顷 3.75 千克加水 3 750千克灌根。防治韭蛆成虫时等每公顷可用

50％辛硫磷1 000倍液，将药液顺韭菜垄均匀喷洒于土表（侧重根茎部），喷雾时以韭菜田地面均匀布满药液为宜。

注意事项：辛硫磷在光照条件下易分解，应在避光、阴凉处贮存。田间喷雾最好在傍晚进行。对高等动物低毒，对鱼类毒性大，对蜜蜂有毒，对七星瓢虫的卵、幼虫、成虫均有杀伤作用。

（4）昆虫生长调节剂类。昆虫生长调节剂是一类破坏昆虫正常生理活动而对高等动物安全的药剂，在害虫无公害治理中具有重要的应用价值。昆虫生长调节剂作为一类新型的农药，其靶标为昆虫特有，因此对人畜安全。其作用机制主要是扰乱昆虫正常的蜕皮生长发育过程，以昆虫体内新陈代谢为靶标，影响昆虫正常生长、繁殖，因此，他们被称为第三代杀虫剂。由于该类杀虫剂比其他神经性毒剂杀虫剂对有益昆虫产生的影响更小，所以被认为是有害生物综合防治（IPM）中一种很有价值的防治手段。国家农药残留限定（GB18406.1—2001）：农药食品安全残留，有机磷类杀虫剂在叶菜类蔬菜上的最低限量为 0.05～1 毫克/千克，而除虫脲和灭幼脲等昆虫生长调节剂在叶菜类蔬菜上最低检出限量为 3～20 毫克/千克，两者相差 20 倍以上。

几丁质合成抑制剂氟铃脲、氟啶脲、灭幼脲和灭蝇胺、保幼激素类似物吡丙醚和三氟甲吡醚、蜕皮激素类似物虫酰肼等昆虫生长调节剂对韭蛆幼虫的作用速度均慢于常规药剂，尤其是对高龄幼虫化蛹或蛹羽化时才表现出明显毒力。几丁质合成抑制剂类杀虫剂对韭蛆的致死活性相对高于蜕皮激素类似物和保幼激素类似物，毒力大小由高到低依次为氟铃脲≥氟啶脲＞灭幼脲＞吡丙醚＞灭蝇胺＞三氟甲吡醚＞虫酰肼。

①氟铃脲：属苯甲酰脲杀虫剂，是几丁质合成抑制剂，具有很高的杀虫和杀卵活性。用氟铃脲分别处理韭蛆不同发育阶段，其毒力程度随虫体的生长和发育逐步下降，以较低浓度处理低龄幼虫，仍能对其取食及化蛹产生不利影响，因此，田间使用氟铃脲等昆虫生长调节剂时，可不必为追求短时间内的高死亡率而使用高剂量，只要药剂稳定，稍低剂量也能获得很好的控制效果。

氟铃脲对韭蛆低龄幼虫主要作用于其龄期交替蜕皮阶段，对高龄幼虫化蛹、羽化和成虫的生殖力均能产生不利影响，最终能够降低害虫种群数量，建议在成虫盛发及产卵期使用。此外，由于氟铃脲作用速度缓慢，幼虫接触药剂后，还会继续为害，因此，也可考虑将其与辛硫磷、噻虫嗪等对土壤环境生物影响相对较小、且速效性较好的杀虫剂适当混用，以提高防治效果。

昆虫生长调节剂虽然有较高的毒力，但其作用速度较为缓慢，速效性差，在当代成虫羽化期甚至下一代才能看出药效，在韭蛆大规模危害时期推广有很大难度。而药剂复配可以很大程度上降低用药水平，氟铃脲和吡丙醚混用对韭蛆具有增效作用。

使用方法：发现幼虫时，选用 40％辛硫磷 300 毫升/亩和 5％氟铃脲 300 毫升/亩，在韭菜收割后第 2～3 天，将药剂加细土（30～40 千克/亩）混匀，顺垄撒施于韭菜根部，然后浇水。

②灭幼脲：灭幼脲为低毒低残留农药，对人畜安全，对天敌毒性小，在人体内不积累，对哺

乳动物、鸟类、鱼类及蜜蜂无毒害。韭蛆低龄幼虫对灭幼脲最敏感，预蛹对灭幼脲的敏感性强，蛹的敏感性低。

使用方法：可在韭蛆幼虫发生盛期前 5 天左右进行施药，采用 20％灭幼脲悬浮剂 600～800 毫升/亩，加水灌根，可较好地控制该虫危害，持效期可达 90 天。

③灭蝇胺：灭蝇胺是昆虫蜕皮抑制剂，有强内吸传导作用，诱使害虫幼虫和蛹在形态上发生畸变、成虫羽化不全或受抑制。灭蝇胺的活性成分可在土壤中分解，对环境无污染，属高效环保药剂，且对人、畜无不良影响，不伤害天敌，已被世界卫生组织列为最低毒物质，农业部也组织相关部门将灭蝇胺列为第四批高毒农药替代品种重点推荐用于防治韭蛆。

使用方法：在韭菜初现韭蛆危害症状时（叶尖黄、软、倒伏），10％灭蝇胺水悬浮剂亩用 75克或 90 克均匀淋浇在韭菜根茎处，对韭蛆防治效果显著，保苗率高。

④氟啶脲（抑太保，定虫脲，氟虫脲）：氟啶脲是一种苯甲酰脲类几丁质抑制剂，是一种新

的昆虫生长调节剂，该药剂是广谱性杀虫剂，以
胃毒作用为主，兼有较强的触杀作用。氟啶脲对
韭蛆可产生持续的防效，对当代和第二代幼虫都
有抑制作用，可以延长韭蛆的发育历期，降低化
蛹率、羽化率和产卵率。

使用方法：可在上茬韭菜收割后第 2 天，采
用毒土法，每亩使用 5％氟啶脲乳油 200～300
毫升，与细沙土 30 千克搅拌均匀，顺韭菜垄均
匀撒施于土表，然后顺垄根据墒情浇足量水，保
证药剂深入韭菜鳞茎部位。

15. 怎样复配和混用农药来防治韭蛆？

农药合理的复配和混用，能达到增效、减少
农药使用次数的目的，尤其是作用机理不同的农
药混用能明显提高防治效果，对于药效速度不一
样的农药进行复配混用可以优势互补，即能增加
速效性，又能增加持效性。

将两种作用机制不同的化学药剂进行复配，
如毒・氯乳油、辛・吡乳油、高氯・吡虫啉乳油

等；生物农药与化学农药复配，如高氯·阿维菌素、阿维·吡虫啉等，不仅提高了药剂的防治效果，而且兼具 2 种单剂的优点。昆虫生长调节剂类药剂因作用缓慢，应提倡早用及与速效性药剂配合使用，这样既可以延缓韭蛆的抗药性也可以提高药剂的速效性。有研究发现吡丙醚和灭蝇胺对低龄幼虫直接毒力低，但对成虫的防治效果与防效较高的吡虫啉、噻虫嗪、毒死蜱相当。氟铃脲和吡丙醚混用对韭蛆具有增效作用，药后 130 天氟铃脲、吡丙醚 1：1 混剂有效成分 333 克/亩，防治效果可达 73.81%，与新烟碱类杀虫剂防效相当。因此，吡丙醚、灭蝇胺、氟铃脲等昆虫生长调节剂宜与对韭蛆作用速度快的新烟碱类、有机磷类等药剂混用，以获得整体的防治效益。

16. 哪种施药工具和方式对防治韭蛆更有效？

在选择对口农药种类及适当剂型的基础上，根据农药剂型的不同，采用适宜的施药方法与技术，是提高防效、保证安全、降低用药量、生产无公害农产品的重要措施，目前防治韭蛆常用的施药方法有以下几种：

（1）**浇灌法**。采用"大水漫灌"的方式进行灌根，简便易行，效果较好，节省劳力投入。但是配制药液时应浓度准确、搅拌均匀、用量统一。韭菜一般采用按畦漫灌，要确保每畦的用药量和用水量相当，否则防治效果不一致。大量的灌溉和降水使其在垂直和水平方向上扩散，导致药剂扩散损失，且浓度随着土壤深度增加而降低。韭蛆生活在地下韭菜根茎基部，药剂到达土壤的深度过浅或过深都不利于充分发挥其对韭蛆的毒杀作用，且易造成药剂损失和污染环境，这对韭蛆的防治是不利的。此外，漫灌会导致水资源利用效率低、浪费严重，并加速土壤结板，造成药剂的目标性不准确、浪费严重、增加成本，对地下水和土壤造成污染。

（2）**滴灌用药**。滴灌是一种比较先进可以控制水量的施药方式，包括人工顺垄滴灌（喷雾器去掉喷头顺垄喷施）和机器滴灌，滴灌注重实施定向调控，不搞"大水漫灌"，使稀释液到达作物根部顺水浇灌，虫害严重时可适当增加用量。使用滴灌可以节约用水、提高农药利用率，降低了生产成本，减少水和药的流失，有效降低"大水漫灌"时农药、化肥对土壤和水质的污染，优化区域水资源，并能节约人力资本，提高粮食产量和质量。滴灌施药比灌溉施药更利于药液到达韭菜地下靶标位置，可有效减少株间土壤水分的无效蒸发，大大提高水的有效利用率。由于滴灌仅湿润作物根部附近土壤，其他区域土壤水分含量较低，还可有效防治杂草。

(3) **地下滴灌**。韭蛆幼虫性喜潮湿，一般聚集在土壤表层以下 3～4 厘米，韭蛆卵孵化和成虫羽化与土壤湿度关系很大。土壤湿度过大和干燥均不利于各虫态的存活和发育。地下滴灌在低压条件下通过埋于作物根系活动层的灌水管带定时定量地为韭菜供水，能够降低表层土壤的含水量，从而使表层土壤始终保持干燥。韭蛆幼虫生活和成虫产卵主要在表层土壤内，利用地下滴灌长期保持表层土壤干燥能够影响韭蛆发生，从而降低田间韭蛆的虫口密度，减少韭蛆对韭菜的危害。然而，地下滴灌没有起到节水和增产的作

用，可能是由于滴灌管埋于土壤表层下20厘米
处，而韭菜属于喜湿蔬菜，根系分布较浅不能够
利用深层的水分。

（4）**拌土穴施或垄施法**。适用于施用颗粒剂
和毒土，对剧毒农药不能做成毒土撒施。将农药
与土或肥混用，用人工直接撒施，撒施法的关键
在于把药与土或药与肥拌匀、撒匀。①拌药土：
取细的湿润土粉20～30千克，先将粉剂、颗粒
剂农药与少量细土拌匀，再与其余土搅拌；液体
农药先加少量水稀释，用喷雾器喷于土上，边
喷边翻动拌匀。撒毒土防治地下害虫应在雾水
干后进行，拌好的药土以顺垄撒施或者穴施。
②拌药肥：同时使用农药和肥料，应选用适宜
农药剂型与化肥混合均匀。要求药肥二者不可
相互影响，对作物无药害而且施药与施肥时期
一致。

（5）**喷雾或淋施**。喷雾法是最常用的施药方
法，是将一定量的农药与适宜的水配成药液，用
喷雾器喷洒成雾滴至土表和植株。此法用来防治
成虫。喷雾可作茎叶处理、土壤处理等，乳油、
可湿性粉剂、水剂、悬浮剂等都可进行喷雾。喷

淋施药比灌溉施药利于药液到达地下靶标位置，
且药剂浓度随着土壤深度增加而减小；喷淋施药
后药剂在韭菜根部土壤中的浓度明显高于其在行
间土壤中的浓度，施药后 120 天与 7 天相比，药
剂在垂直方向上出现下移，在水平方向上随水流
方向移动；每公顷 12 千克噻虫嗪和每公顷 3 千
克和 6 千克噻虫胺喷淋施药后对韭蛆的防治效果
在 80% 以上，且均可维持 120 天以上，并对韭
菜生长有促进作用。因此，利用噻虫嗪和噻虫胺
喷雾或淋施施药防治韭菜养根期的韭蛆是可
行的。

17. 化学药剂使用中的注意事项有哪些？

（1）为了延长杀虫剂的使用寿命，减缓韭蛆
抗性发展速度，药剂防治中应限制使用有机磷和
菊酯类农药，严格控制用药剂量和安全间隔期，
注意不同种类杀虫剂的轮替使用，尽可能在较低
的选择压力下取得较好的防效。

（2）不同剂型的化学农药对韭蛆的防治效

果存在差异，有研究表明辛硫磷和毒死蜱的微囊悬浮剂对韭蛆的抑制效果优于相同有效成分的乳油和粉剂，此外选择辛硫磷微囊悬浮剂与乳油进行大田试验发现微囊悬浮剂与乳油对田间韭蛆的速效性相当，但持效性更好。因此，田间选择化学农药除了选择不同农药种类，更要注重农药剂型的选择，有利于实现农药的减量化使用技术。

18. 哪些生物农药对防治韭蛆有效果？

我国对植物源杀虫剂的研究和应用历史悠久，有数百种植物能够有效地控制害虫的危害。目前，我国对植物源杀虫剂的研究主要集中在卫矛科、楝科、豆科、唇形科、菊科五类植物上。植物源杀虫剂主要影响昆虫生长发育、消化系统、呼吸系统、神经系统。植物源杀虫剂具有触杀和胃毒作用，按化学成分主要包括生物碱、萜稀类、黄酮类、精油类等，如苦参碱、除虫菊素、黄花碱、野靛碱、藜芦碱等。目前常用的防治韭蛆的植物源杀虫剂是苦参碱、印楝素和烟碱。

苦参碱是一种从多种药用植物中提取分离出的双稠呱啶类生物碱,对韭蛆大龄幼虫有很好的杀虫效果,主要使幼虫的神经系统、消化系统和内分泌系统受到损害。每亩用1%苦参碱可溶性液剂2千克,兑水500千克,顺垄灌根,药后7天防效最高,防效为44.6%,可维持20天,且对韭菜安全无毒。

印楝素是从印楝树提取的植物性杀虫剂,具有拒食、忌避、内吸和抑制生长发育的作用。田间试验结果表明0.3%印楝素乳油在6 000毫升/公顷剂量下,药后14天防效在70%左右。

烟碱是烟草生物碱的主要成分,具触杀、胃毒、熏蒸、杀卵作用。1.1%苦参碱粉剂每亩用2~4千克,兑水50~60千克灌根,药后14天、24天的保苗效果均在72%以上,持效期较长。烟碱对人畜高毒,虽然日光照射可加速其分解,但使用时仍需特别注意。

19. 施药环境对于药剂效果有什么影响？

目前冬季保护地栽培韭菜发展很快，种植模式多样化，温度是保证韭菜反季节生产的关键因素，且对韭蛆的发生具有重要影响，同时也是影响药效的重要因素之一。温度对杀虫剂的生物活性影响非常复杂，不仅不同类型杀虫剂具有不同的温度效应，同一类型杀虫剂对不同的昆虫、甚至同类杀虫剂的不同药剂品种对同一种昆虫的温度效应也有较大差异，因此，明确施药时的环境条件能对药剂的防效产生重要影响，对指导田间科学地选择和使用药剂、提高防治效果、节约成本、降低农药残留、延缓抗药性具有重要的意义。

新烟碱类杀虫剂噻虫胺、吡虫啉、噻虫嗪和有机磷类杀虫剂辛硫磷均具有明显的正温度效应，即随着温度的升高毒力提高，其中以吡虫啉温度效应最明显，吡虫啉24℃时的毒力是8℃时的4.66倍；噻虫胺和噻虫嗪的温度效应与有机磷类杀虫剂辛硫磷相近。生物制剂藜芦碱具有正温度效应，即温度越高，韭蛆幼虫对藜芦碱的敏感性越强。

20. 如何利用生防细菌（苏云金芽孢杆菌）防治韭蛆？

苏云金芽孢杆菌（*Bacillus thuringiensis*，简称 Bt）是目前生物农药的主要种类，是一种革兰氏阳性细菌，环境中自然产生的，资源比较丰富。Bt 因具有选择性强、安全、原料简单等优点而越来越受到人们的重视。在生长代谢过程中，Bt 能够产生对昆虫有毒杀活性的伴孢晶体蛋白（ICPs），对昆虫有特异毒性的伴孢晶体被吞食后，在昆虫中肠特殊的碱性条件下溶解释放出 ICPs。ICPs 在中肠胰蛋白酶的作用下活化成毒性肽，之后与中肠上皮细胞受体特异结合，从而使细胞通透性破坏，导致细胞膜穿孔，最后使细胞渗透失去平衡而导致昆虫死亡。具有高度专一性，其只对靶标害虫有效，对天敌、其他昆虫及人畜无害，是一种较为理想的生物杀虫剂。

Bt 具有特异的杀灭韭蛆的功能，且能在根部定殖，并促进韭菜生长，可以在韭菜生长的任何时期放心使用。韭蛆感染 Bt 后，身体拉长，体壁变软且逐渐模糊，直至身体溃败出水（图16）。20％韭保净乳油（Bt 制剂）2000 年取得农业部农药登记证和国家经贸委的生产许可。利用 Bt 防治韭蛆有很好的效果，实验室室内用 Bt 发酵液处理后 5 天韭蛆幼虫的校正死亡率达到 80％。微保久（8 000国际单位/毫升 Bt 可湿性粉剂）防治韭蛆的初步试验表明，当剂量为 5～6 千克/亩时的防治效果可达 75％，且持效期较长，适合在温室使用。

21. 如何利用生防真菌（球孢白僵菌）防治韭蛆？

球孢白僵菌（*Beauveria bassiana*）是一种具有杀虫潜力的微生物，在合适的温、湿度条件下，可发芽直接侵入昆虫体内，以昆虫体内的血细胞及其他组织细胞作为营养，大量增殖，后菌丝穿出体表，产生白粉状分生孢子，从而使害虫呈白色僵死状。使用球孢白僵菌可有效保护害虫天敌，从而整体提高田间防治效果。其杀虫机理独特，害虫不产生抗药性；对人、畜无毒，对作物安全，无残留、无污染，可反复侵染，长期持效；但能感染家蚕幼虫，养蚕区不宜使用。

目前白僵菌已经成功应用于韭蛆等地下害虫的防治。田间试验结果表明，孢子含量150亿个/克球孢白僵菌颗粒剂每亩用300克就有良好持效性，防治效果与施用30千克/公顷的5%毒死蜱颗粒剂相当。韭蛆感染白僵菌后，身体拉长变僵硬，体色变红，布满白色菌丝（图17）。

根据白僵菌在20～30℃有利于生长的特点，可选择春季或冬暖大棚防治越冬代幼虫，即主攻越冬代、控制第一代。韭蛆喜欢高湿，白僵菌的生长要求土壤含水量5%以上，高湿为白僵菌的侵染提供了有利条件。白僵菌的速效性差，韭蛆在感染白僵菌后死亡的速度缓慢，经4～6天后才死亡，因此，防治时需要提前防治。白僵菌与低剂量化学农药混用有明显的增效作用，但需特别注意白僵菌不能与化学杀菌剂混用。

使用方法：防治韭蛆用量为 250～300 克/亩，拌土撒施，在韭蛆低龄幼虫盛发期施药，即韭菜叶子叶尖开始发黄、变软并逐渐向地面倒伏时使用。

注意事项：勿在阳光直接照射下使用，储存于阴凉干燥避光的不高于 40℃ 的低温库房中。使用本品时应穿戴防护服和口罩。

22. 线虫如何杀死韭蛆？

昆虫病原线虫对宿根植物地下害虫的防治具有重要意义，条件适宜可长期存活于土壤中，能持续控制害虫种群数量。斯氏线虫属（*Steinernema Tracassos*）和异小杆属线虫（*Hetemrhabditis Poinar*）作为新型生物农药，具有广泛的寄主范围、可主动寻找寄主、对人畜及环境安全以及容易人工大量培养等特点，已广泛应用于农林、花卉和卫生害虫的安全防治。斯氏线虫属的垂直扩散能力较强，异小杆线虫属水平扩散能力较强。线虫利用昆虫体表的自然开口（如肛门、气门）、节间膜或伤口进入昆虫寄主体内，释放肠腔中携带的共生细菌，共生细菌被释放到昆虫的血腔后迅速繁殖，破坏昆虫的生理防御机能，寄主昆虫在短时间内便出现败血症症状并很快死亡。韭蛆被线虫侵染后，身体拉长变直，体色逐浅变红并溃烂（图18）。

早在20世纪90年代，我国学者就研究了线虫对韭蛆的侵染能力，证实异小杆线虫属和斯氏线虫属对韭蛆有着良好防治的效果。当土壤中异小杆线虫益害比为38∶1时，寄生率仅为35.1%，而茎外蛹的寄生率可达82.7%。斯氏线虫株系SF-SN对韭蛆三龄幼虫致病力最高，LD_{50}为60.0条/头，施用线虫剂量为400条/头时，5天后保苗效果达62.74%，防治效果达60.26%。在适宜田间条件下昆虫病原线虫防治韭蛆的持效期要长于传统药剂防治。

23. 如何利用线虫防治韭蛆？

田间应用线虫防治韭蛆技术提出了比常规化学制剂更高的要求。温度和湿度是影响昆虫病原线虫田间实际防效的两个重要因素。线虫最适的土壤含水量 5%～15%，适宜的温度为 20～35℃，最适温度为 25～30℃。昆虫病原线虫对高温的适应能力较弱，导致线虫死亡率升高；而在温度过低的情况下线虫活动减弱，使杀虫活性降低并且害虫致死时间明显延长。土壤含水量是影响线虫存活和寄生率的一个重要因素。在环境湿度过低的情况下，线虫体内水分蒸发加快，线虫的存活率明显降低。土壤湿润、疏松、有利于线虫的呼吸和移动，能达到最佳的寄生效果。因此，利用病原线虫防治韭蛆前需对土壤的温度、湿度、质地等了解透彻，由于韭蛆幼虫集居地的湿度条件与昆虫病原线虫的适生环境接近，因此，在使用线虫的时候，尤其需要注意土壤温度是否适宜。

使用时期：利用线虫防治韭蛆，应在幼虫发生初期进行防治效果最佳，保护地一般可在 8 月下旬至 9 月初进行施虫防蛆，此时的温度条件下线虫寄生能力较强，能有效降低田间韭蛆的基数，这样在冬季扣棚后，棚内田间也不会有韭蛆的严重危害。

使用剂量：一般每亩施用奈玛—病原线虫400克，随水冲施。

注意事项：①避免在农药药效期施用。因病原线虫是活体生物制剂，近期施用过化学农药的田块，在农药的药效期内施线虫，线虫极易死亡，治蛆效果差。②注意施用时的温度。线虫在土壤温度低于20℃的条件下，活性低，杀虫效果差。③线虫使用时应先将线虫制剂稀释成母液，进行二次稀释，并搅拌均匀，配好的虫液最好在10分钟内施用完毕。④线虫制剂需要长期保存时，可置于4～10℃的冰箱内冷藏，切记不可冷冻。

24. 如何利用线虫与其他防治方法联合防治韭蛆？

（1）线虫可与杀虫剂等混用防治韭蛆。斯氏线虫品系SF-SN与70％吡虫啉水分散颗粒剂和4.5％高效氯氰菊酯乳油共同使用对防治韭蛆有增效作用。研究表明异小杆线虫品系H06与印楝素、辛硫磷和吡虫啉联合使用对防治韭蛆具有更好的效果。化学农药毒死蜱和辛硫磷对线虫的存活率无显著影响。

（2）线虫与粘虫板联合使用提高了对韭蛆的防治效果，斯氏线虫主要用于防治幼虫，黑色粘板主要诱杀成虫，二者配合使用防治效果可达97.60%。有研究表明，SF-SN 品系线虫对韭蛆三龄幼虫致病力最高。

25. 目前韭蛆防治中有哪些问题？

（1）韭菜的种植模式多样，韭蛆在我国的适应性强，由南到北均能发生危害，且韭蛆能危害多种蔬菜等作物，在不同作物上及不同地理位置的不同栽培模式下的发生规律比较复杂。因此，需要在掌握韭蛆的不同发生规律的基础上，因地制宜地结合当地的农事操作进行防治。

（2）由于韭蛆防治难度大，目前韭蛆的防治主要依赖化学防治，为了提高防治效果，增加了农药的使用次数和使用剂量，导致环境污染，造成韭菜、大葱等食品安全问题，生物防治等无害化防治技术生产上推广应用的并不广泛。

（3）韭菜在我国属于小宗特色蔬菜，韭菜上登记的杀虫剂种类少，目前我国农药信息登记网上登记的防治韭蛆的药剂主要有机磷类毒死蜱、辛硫磷和新烟碱类药剂吡虫啉等，品种单一，高毒有机磷农药滥用的现象较普遍。农业部已发布公告，自 2013 年 12 月 31 日起，禁止毒死蜱在蔬菜上使用，高毒农药被禁用后迫切需要开发一些新的替代药剂。

（4）目前农民生产上采用的灌药方式大都是大水漫灌的施药方法，造成药剂的浪费，同时也容易引起韭蛆的耐药性，导致恶性循环。研究发现河北肃宁地区的韭蛆对辛硫磷的产生了较高水平的抗性；山东省各地区韭蛆种群对毒死蜱和辛硫磷的抗性已较为普遍，其中莘县种群对毒死蜱的抗性超过 30 倍，对高效氯氰菊酯的抗性为中等水平；泰安种群对供试的两种菊酯类药剂均产生了低水平抗性；而对吡虫啉和噻虫嗪，7 个供试种群处于敏感或敏感性下降状态。毒死蜱和辛硫磷属于有机磷类农药，用于防治地下害虫，近年来这两种杀虫剂在韭蛆防治中用量大、使用频率较高，造成韭蛆对其产生了较高的抗性水平。

参考文献

CANKAOWENXIAN

安立娜，2015. 臭氧及植物源杀虫剂对韭菜迟眼蕈蚊的
　　致毒作用和安全性评价 [D]. 保定：河北农业大学.

曹清莲，1985. 天津韭蛆发生规律及防治的研究 [J].
　　植物保护，11 (5)：10-11.

陈栋，2005. 韭菜迟眼蕈蚊（*Bradysia odoriphaga*）的可
　　持续治理技术初步研究 [D]. 北京：中国农业大学.

陈栋，张思聪，张龙，2005. 昆虫生长调节剂和生物农药防
　　治韭蛆田间药效试验 [J]. 植物保护，31 (1)：82-84.

陈浩，王玉涛，周仙红，等，2016. 韭菜迟眼蕈蚊生物防治
　　研究现状与展望 [J]. 山东农业科学，48 (3)：158-161.

代伐，李鑫，段爱菊，等，2007. 大蒜根蛆发生规律与
　　防治技术研究 [J]. 河南农业科学，(4)：101-102.

党志红，董建臻，高占林，等，2001. 不同种植方式下
　　韭菜迟眼蕈蚊发生为害规律的研究 [J]. 河北农业大
　　学学报，24 (4)：65-68.

方俊平，李东，1998. 草木灰在植保上的用途 [J]. 植

物医生，11 (3):42.

方敏，沈月新，方竞，等，2002. 臭氧水稳定性的研究 [J]. 食品科学，23 (9):39-43.

冯惠琴，郑方强，1987. 韭蛆发生规律及防治研究 [J]. 山东农业大学学报，18 (1):71-80.

高敏，李兰，韩瑞，2007. 臭氧防治设施蔬菜病虫害效果好 [J]. 西北园艺 (3):42.

高占林，党志红，潘文亮，等，2000. 河北省不同地区韭蛆（韭菜迟眼蕈蚊）对杀虫剂的敏感性 [J]. 农药学学报，2 (4):88-90.

荆建湘，2008. 不同韭菜品种对韭蛆的抗性表现及抗性指标相关行分析 [D]. 泰安：山东农业大学.

李朝霞，2015. 韭菜迟眼蕈蚊成虫控制技术研究 [D]. 泰安：山东农业大学.

李惠萍，韩日畴，2007. 昆虫病原线虫感染寄主行为研究进展 [J]. 昆虫知识，44 (5):637-642.

李慧，赵云贺，王秋红，等，2015. 新烟碱类杀虫剂在韭菜中的内吸性及其对韭菜迟眼蕈蚊幼虫的毒力比较 [J]. 农药学学报，17 (2):156-162.

李慧，赵云贺，王秋红，等，2016. 氟铃脲对韭菜迟眼蕈蚊不同虫态的致毒特点及毒力 [J]. 植物保护学报，43 (4):670-676.

李娜娜，杨建平，2012. 植物源农药对韭菜迟眼蕈蚊幼虫的室内毒力测定和田间防治效果 [J]. 山东农业科学, 44 (7):101-103.

李贤贤, 2012. 新烟碱类等杀虫剂对韭菜迟眼蕈蚊的致毒作用及药效评价 [D]. 泰安:山东农业大学.

李贤贤, 马晓丹, 薛明, 等, 2014a. 不同药剂对韭菜迟眼蕈蚊致毒的温度效应及田间药效 [J]. 北方园艺 (9):125-128.

李贤贤, 马晓丹, 薛明, 等, 2014. 噻虫胺等药剂对韭菜迟眼蕈蚊的致毒效应 [J]. 植物保护学报, 2:225-229.

刘宗立, 应芳卿, 2006. 韭蛆的发生与无公害防治 [J]. 现代农业科技 (8):77.

马冲, 张田田, 周超, 等, 2016. 韭菜根蛆空间分布研究及产量损失评价 [J]. 山东农业科学, 48 (8):113-116.

马晓丹, 2014. 昆虫生长调节剂等杀虫剂对韭菜迟眼蕈蚊的致毒效应研究 [D]. 泰安:山东农业大学.

马晓丹, 李朝霞, 薛明, 等, 2013. 韭菜迟眼蕈蚊成虫诱杀技术研究 [J]. 中国植保导刊, 33 (12):33-36.

梅增霞, 2003. 韭菜迟眼蕈蚊生物学特性及抗寒性研究 [D]. 杨凌:西北农林科技大学.

梅增霞, 吴青君, 张友军, 等, 2003. 韭菜迟眼蕈蚊的生物学、生态学及其防治 [J]. 昆虫知识 (5):396-398.

梅增霞, 吴青君, 张友军, 等, 2004. 韭菜迟眼蕈蚊在不同温度下的实验种群生命表 [J]. 昆虫学报, 47

（2）：219-222.

浦碧雯，刘长庆，2016. 沼渣沼液在韭菜上的应用［J］. 果蔬菜，2016：7-8.

齐素敏，吴有芳，李如美，等，2016a. 山东省不同地区韭蛆种群对杀虫剂的抗药性［J］. 植物保护，42（4）：179-183.

齐素敏，张思聪，庄乾营，等，2015. 臭氧和臭氧水在农业害虫防治领域的应用［J］. 河北农业科学，19（5）：36-40.

齐素敏，朱晓蕾，陈浩，等，2016. 臭氧水和 7 种药剂联合对韭菜迟眼蕈蚊的毒力测定［J］. 农药，55（1）：70-72.

任芝仙，2005. 韭蛆的生活史及其防治［J］. 北方园艺（4）：89.

尚亚红，高林夏，杨晓燕，2009. 韭蛆的无公害防治技术［J］. 中国果菜（3）：47.

石宝才，路虹，官亚军，等，2010. 韭菜迟眼蕈蚊的识别与防治［J］. 中国蔬菜（11）：21-22.

宋健，曹伟平，张海剑，等，2016. 苏云金芽孢杆菌JQ23 的表型鉴定及对韭菜迟眼蕈蚊的防治效果［J］. 中国生物防治学报，32（3）：326-331.

宋品军，2016. 无公害韭菜高效栽培技术［J］. 农业科学，8：91，187.

孙瑞红，李爱华，2007. 昆虫病原线虫 H06 与化学杀虫剂对韭菜迟眼蕈蚊的联合作用 [J]. 农药学学报，9 (1):66-70.

孙瑞红，李爱华，韩日畴，等，2004. 昆虫病原线虫 *Heterorhabditis indica* LN2 品系防治韭菜迟眼蕈蚊的影响因素研究 [J]. 昆虫天敌，26 (4):150-154.

汪玉新，2007. 韭菜迟眼蕈蚊生存特性与生殖特性的研究 [D]. 泰安：山东农业大学.

王凤英，陈志明，梁秀兰，2007. 韭蛆防治四法 [J]. 四川农业科技 (10):54.

王海燕，王洪山，2016. 沼液在韭菜生产中的综合利用技术 [J]. 中国园艺文摘 (7):181-182.

王洪涛，宋朝凤，王英姿，2014. 5%氟虫脲可分散液剂对韭蛆的室内毒力测定及田间防效 [J]. 农药，53 (7):525-527.

王萍，秦玉川，潘鹏亮，等，2011. 糖醋酒液对韭菜迟眼蕈蚊的诱杀效果及其挥发物活性成分分析 [J]. 植物保护学报，38 (6):513-520.

王炜，张瑞平，钱春凤，2008. 韭菜迟眼蕈蚊发生规律和防治技术研究 [J]. 中国植保导刊，28 (6):28-29.

王宜昌，乔存金，孔维起，等，2006. 葱蒜类蔬菜虫害的综合防治 [J]. 西北园艺 (5):31-32.

王占霞，2015. 韭菜迟眼蕈蚊光色趋性及其行为机理

［D］．保定：河北农业大学．

武海斌，宫庆涛，张坤鹏，等，2015.昆虫病原线虫与
　　黑色粘板配合使用对韭菜迟眼蕈蚊的防治［J］．植物
　　保护学报，42（4）:632-638.

夏立，1999.大蒜田韭菜迟眼蕈蚊的发生与防治［J］．
　　河南农业科学，3（10）:28.

徐玉芳，薛云东，刘存宏，等，2003.韭蛆无公害防治
　　技术［J］．吉林蔬菜（1）:20.

徐志松，2015.温度对韭菜迟眼蕈蚊的储存蛋白的影响
　　和土壤含水量对该害虫生存与生殖的影响［D］．泰
　　安：山东农业大学．

薛明，庞云红，王承香，等，2005.百合科寄主植物对
　　韭菜迟眼蕈蚊的生物效应［J］．昆虫学报，48（6）:
　　914-921.

薛明，王永显，2002a.韭菜迟眼蕈政无公害治理药剂的
　　研究［J］．农药，41（5）:29-31.

薛明，袁林，徐曼琳，2002.韭菜迟眼蕈蚊成虫对挥发
　　性物质的嗅觉反应及不同杀虫剂的毒力比较［J］．农
　　药学学报，4（2）:50-56.

杨怀文，张刚应，1990.异小杆线虫D1对迟眼蕈蚊侵染
　　力的研究［J］．生物防治通报，6（3）:110-112.

杨集昆，张学敏，1985.韭菜蛆的鉴定迟眼蕈蚊属二新
　　种［J］．北京农业大学学报，11（2）:153-156.

杨景娟，孟庆俭，许永玉，等，2006. 韭菜迟眼蕈蚊的性别分化及其生态与进化意义［J］. 昆虫知识，43（4）：470-473.

尹怀富，王秀峰，2005. 韭蛆的发生及防治研究进展［J］. 中国植保导刊（8）：11-13.

尹怀富，王秀峰，2006. 地下滴灌对韭蛆发生和韭菜产量的影响［J］. 山东农业科学（1）：54-56.

于娟，2015. 肥源对设施韭菜根蛆防控及韭菜生长和品质的影响［D］. 保定：河北农业大学.

俞学惠，杨旭峰，2007. 葱蒜韭菜病虫害防治技术［J］. 安徽农学通报，13（3）：145 -146.

臧金波，2004. 无土栽培对韭菜生理特性、产量品质及韭蛆发生的影响［D］. 泰安：山东农业大学.

曾学军，秦冲，韩群营，2013. 韭菜迟眼蕈蚊在西甜瓜上发生与防治对策［J］. 长江蔬菜（7）：52-53.

翟旭，仲济学，郭大鸣，1988. 韭菜迟眼蕈蚊研究初报［J］. 昆虫知识，25（4）：212-213.

张宝恕，王学利，陈晓文，等，1994. 昆虫病原线虫防治韭菜根蛆的研究［J］. 天津农林科技（2）：4-6.

张帆，张君明，罗晨，等，2011. 蔬菜地下害虫的生物防治［J］. 中国蔬菜（3）：30-32.

张桂祥，林修光，2007. 臭氧水稳定性与杀菌性的试验观察［J］. 现代预防医学，34（9）：1772-1773.

张华敏，尹守恒，张明，等，2013. 韭菜迟眼蕈蚊防治技术研究进展 [J]. 河南农业科学，42（3）:6-9.

张鹏，2015. 噻虫嗪对韭菜迟眼蕈蚊的致毒效应及其定喷淋施药技术研究 [D]. 泰安：山东农业大学.

张思聪，杨颖，张善干，等，2009. 韭菜迟眼蕈蚊触角感受器的类型、分布与内部结构 [J]. 北京农学院学报，24（3）:1-9.

张为农，2010. 我国农药市场 2009 年回顾及 2010 年展望 [J]. 中国农药（2）:21-24.

张学敏，杨集昆，谭琦，1994. 食用菌病虫害防治 [M]. 北京：金盾出版社.

赵静，于淑玲，2010. 韭蛆的沼液防治法 [J]. 北方园艺（9）:180-181.

赵明春，赵智，2011. 韭蛆绿色防控技术 [J]. 西北园艺（5）:38-39.

赵楠，周仙红，庄乾营，等，2014. 韭蛆无公害防治技术研究进展 [J]. 山东农业科学，46（12）:124-128.

赵省三，周庆奎，赵鹰，等，2001. 韭蛆的防治研究 [J]. 天津农学院学报（2）:6-11.

赵旸，2014. 河北省韭菜迟眼蕈蚊成虫种群监测措施的效果评价 [D]. 保定：河北农业大学.

郑方强，刘忠德，2002. 无公害杀虫剂防治韭蛆的药效试验及苦参碱杀虫作用的研究 [J]. 农药，41（6）:

26-28.

郑建秋，师迎春，张芸，等，2005. 灯光诱杀防治韭菜
　　迟眼蕈蚊（韭蛆）[J]. 中国蔬菜（12）:60.

周仙红，刘家魁，贾湧，等，2014. 利用臭氧水防治韭
　　菜迟眼蕈蚊 [J]. 中国蔬菜（8）:85-87.

周仙红，马韬，庄乾营，等，2014. 球孢白僵菌对韭蛆
　　的室内生物测定和田间效果评价 [J]. 山东农业科
　　学，46（7）:117-120.

周仙红，翟一凡，段陈波，等，2016. 不同栽培模式韭
　　菜田韭菜迟眼蕈蚊和葱黄寡毛跳甲的种群动态 [J].
　　植物保护，42（3）:215-221.

周仙红，张思聪，庄乾营，等，2015. 韭蛆人工饲料配
　　方筛选及饲养效果比较 [J]. 昆虫学报，58（11）:
　　1245-1252.

周仙红，张思聪，庄乾营，等，2016b. 不同栽培模式下
　　韭菜迟眼蕈蚊诱集方法比较. 植物保护，42（1）:
　　243-248.

庄乾营，张思聪，翟一凡，等，2015. 不同农药种类及
　　剂型防治韭菜迟眼蕈蚊效果比较 [J]. 中国植保导刊
　　（3）:78-80.

庄占兴，韩书霞，张春学，2003. 灭幼脲对韭菜迟眼蕈
　　蚊的活性及其应用技术研究 [J]. 农药科学与管理，
　　24（4）:19-21.

图1 卵（郑方强 摄）

图2 低龄幼虫（郑方强 摄）

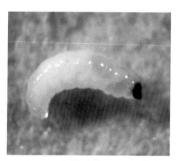

图3 老熟幼虫（郑方强 摄）

图4 蛹（郑方强 摄）

图5 雌成虫（郑方强 摄）

图6 雄成虫（郑方强 摄）

图7 韭蛆危害韭菜的症状1

图8 韭蛆危害韭菜的症状2

图9　阳光大棚

图10　温室大棚

图11　小拱棚

图12　阳光大棚加小拱棚

图13　中拱棚

图14　露地栽培

图15 田间使用臭氧水

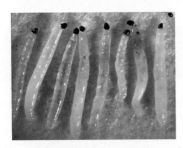

图16 韭蛆感染Bt后的症状

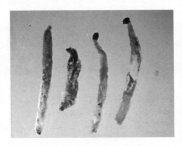

图17 韭蛆感染白僵菌后的症状

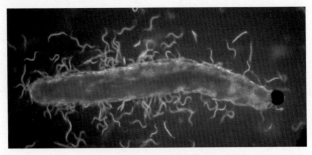

图18 解剖镜下线虫正在感染韭蛆
(放大200倍 李春杰 摄)